ASSOCIATION FRANÇAISE

POUR

L'AVANCEMENT DES SCIENCES

CONGRÈS DE ROUEN

1883

M ___________________________

PARIS

AU SECRÉTARIAT DE L'ASSOCIATION

4, rue Antoine-Dubois, 4.

(PLACE DE L'ÉCOLE-DE-MÉDECINE.)

ASSOCIATION FRANÇAISE

POUR L'AVANCEMENT DES SCIENCES

Congrès de Rouen. — 1883

M. le Docteur E. LEUDET

Directeur de l'École de médecine de Rouen, associé national de l'Académie de médecine.

ÉTUDE CLINIQUE DE LA NÉVRITE CUBITALE PROVOQUÉE PAR LES CONTUSIONS ET COMPRESSIONS RÉPÉTÉES RÉSULTANT DE L'EXERCICE DE QUELQUES PROFESSIONS

— Séance du 20 août 1883 —

L'inflammation du nerf cubital se produit souvent à la suite de traumatismes divers. Panas a fait connaître des cas très intéressants de paralysie du nerf cubital survenue après des fractures, des lésions des ligaments du coude, etc. Joffroy et d'autres auteurs ont démontré, d'autre part, que ces paralysies pouvaient apparaître à la suite de l'empoisonnement saturnin chronique, de la variole, etc. J'ai ajouté quelques faits nouveaux à ces paralysies par cause générale. En 1863 je communiquais à Lancereaux un fait de névrite cubitale consécutive à l'alcoolisme chronique. Récemment j'ai publié des observations de névrite consécutive à la variole *(Archiv. gén. de Méd.,* *1880).* Ces travaux, et d'autres que je ne cite pas ici, prouvent que le nerf cubital peut être atteint d'inflammation sous l'influence d'actions locales, comme le traumatisme, la compression, la contusion ; que d'autres fois la maladie se rattache à une cause plus générale. Ces lésions nerveuses sont-elles toutes d'origine périphérique ? Le centre nerveux est-il complètement étranger à sa genèse ? Je me réserve de revenir plus loin sur ce point difficile à élucider dans les cas où la maladie n'a pas été suivie de mort, et que l'examen anatomique n'a pu être fait.

Les malades que j'ai eu l'occasion d'observer se trouvaient dans d'autres conditions. Le cause déterminante de l'affection du nerf était l'exercice d'une profession. A ce titre mon travail a donc une application hygiénique, en même temps qu'un intérêt médical.

Les professions exercées par ces individus étaient celles de menuisier, de teinturier, d'imprimeur en indiennes, de cordonnier. Chez le menuisier, le rabot dont il se servait pour égaliser les bois, et surtout ce rabot plus étroit employé par les menuisiers pour faire des moulures, paraissait avoir été la cause des premiers troubles de la fonction du nerf. L'ouvrier teinturier attribuait la même action nocive à la grosse cheville avec laquelle il tordait fortement l'anse de coton plongée dans un liquide, pour en exprimer une partie du liquide tinctorial. Chez l'imprimeur en indiennes, l'instrument incriminé était un lourd maillet de bois avec lequel il frappait chaque jour, pendant plusieurs heures, sur une planche à imprimer. Chez tous ces individus une contusion répétée, souvent pendant de longues années, avait précédé l'apparition du trouble des fonctions nerveuses.

Chez un ouvrier la contusion avait provoqué un autre accident (observ. II) avant la manifestation des symptômes de névrite, c'était un abcès dans le voisinage de l'extrémité inférieure du 5ᵉ métacarpien.

L'affection du nerf cubital était nettement limitée dans toutes mes observations. On constatait en dehors de l'affection du cubital une intégrité complète de tout le système nerveux central et périphérique, non seulement au moment de la première observation, mais encore plusieurs mois ou plusieurs années après.

La séméiologie ne laisse aucun doute sur la localisation de la maladie dans le nerf cubital. Les troubles de la motilité des 4ᵉ et 5ᵉ doigts; l'hyperesthésie et l'anesthésie plus ou moins étendues sur le trajet du nerf sont indiqués chez ces divers malades. L'observation suivante en fournira la preuve.

OBSERVATION I. — *Douleurs dans tout le trajet du nerf cubital droit, avec trouble de la motilité de la main, des 4ᵉ et 5ᵉ doigts, consécutifs à la contusion répétée de l'éminence hypothénar. Deux manifestations de ces accidents.* C. A., âgé de 43 ans, menuisier depuis beaucoup d'années, a été atteint dans sa jeunesse de blennorrhagies et de chancres, sans accidents cutanés ou gutturaux; il a présenté peu de temps après cette époque des végétations à l'anus. Depuis plus de vingt ans, il n'a eu aucun accident suspect, et boit journellement un peu d'eau-de-vie, sans faire d'excès habituels; il n'a jamais travaillé à la peinture ou présenté de symptômes d'intoxication saturnine, il travaille beaucoup avec un rabot qui appuie sur l'éminence hypothénar. Jamais de maladie grave.

Vers 1865, C. a remarqué que plusieurs doigts de la main droite devenaient par moment blancs, comme morts, et étaient le siège de fourmillements; ces phénomènes, qui se reproduisirent fréquemment, étaient de peu de durée.

Vers le mois de juillet 1867, C. ressentit pour la première fois des douleurs dans le bord cubital du membre supérieur droit, principalement dans l'avant-bras et la main. Le point douloureux qui attira surtout son attention était situé sur le bord interne du muscle deltoïde. C., qui souffrait beaucoup de fourmillements, principalement dans le décubitus latéral droit, dut renoncer à tout travail. Le choc du marteau ou du rabot dans la main droite, provoquait une recrudescence de douleur dans le bord interne du membre supérieur droit. (Vésicatoire au niveau du V deltoïdien). L'amélioration fut rapide à la suite du vésicatoire, des cataplasmes et du repos ; le vésicatoire devint le siège d'un érysipèle au bout de peu de semaines, C. reprit son travail ; aucun trouble de la motilité, pas de reproduction de douleurs.

Les 28 et 29 décembre 1868, C. travailla très assidument à faire des moulures avec un rabot étroit ; il souffrit dans la soirée du dernier jour d'une douleur obtuse, dans l'éminence hypothénar. Le 30 décembre, vers sept heures du soir, il fut atteint d'une douleur débutant, dit-il, à la nuque et s'étendant vers le bord postérieur de l'aisselle, dans tout le bord interne du membre supérieur droit, jusque dans les 4e et 5e doigts ; douleurs lancinantes très douloureuses, ayant leur maximum dans le 5e doigt; simultanément impossibilité de la flexion complète des deux derniers doigts, au point d'empêcher la préhension. La douleur semblait diminuer quand le bras était maintenu élevé, et augmentait, au contraire, quand il était abaissé.

C. entre le 2 janvier 1869 à l'Hôtel-Dieu de Rouen, dans ma division. Persistance des douleurs dans l'étendue du nerf cubital à l'avant-bras, au bras et dans les derniers doigts, douleurs augmentant par la pression, uniquement localement, sans irradiation, summum de la douleur dans les 4e et 5e doigts. Flexion de ces doigts dans la paume de la main très incomplète, presque nulle dans la première phalange des 4e et 5e doigts ; extension des deux dernières phalanges incomplète, diduction des doigts difficile comme les mouvements d'opposition du pouce. Aucune diminution de la sensibilité cutanée, douleurs assez vives pour empêcher le sommeil. (Vésicatoire au tiers inférieur et interne du bras. Injection hypodermique de 0,002 d'atropine. Bromure de potassium.)

Du 3 au 13 janvier, diminution des douleurs spontanées et provoquées par la pression. Les mouvements n'ont rien gagné dans la main et les deux derniers doigts. Du 14 au 28, trois séances de faradisation sont faites, le long du bord interne du membre supérieur droit, depuis la nuque, jusqu'aux doigts, chaque séance provoque une recrudescence de douleurs suivie de rémission; il ne reste plus qu'un engourdissement. Du 15 au 20 janvier les douleurs spontanées sont à peine sensibles ; la pression est douloureuse au-dessus du coude et à l'éminence hypothénar; les mouvements cessent d'être douloureux.

Du 20 au 23 janvier, les mouvements sont presque rétablis, aussi bien ceux de flexion que d'extension et de diduction. L'opposition du pouce est normale.

Le 28 janvier 1869, C. quitte l'Hôtel-Dieu n'éprouvant plus qu'un engourdissement sur le bord interne de l'avant-bras et des 4e et 5e doigts.

L'hyperesthésie frappe d'abord l'attention des malades. La douleur offre plusieurs caractères; elle varie d'intensité, pouvant chez quelques malades empêcher le sommeil ; d'autres fois elle est sourde et se présente sous la forme d'un engourdissement, d'un fourmillement plus ou moins incommode. La douleur, même au début de l'affection, n'est pas uniforme et constante, elle offre des recrudescences quelquefois à divers moments de la journée, d'autres fois d'un jour à l'autre. Le siège de la douleur varie beaucoup chez les différents individus observés. L'avant-bras et l'éminence hypothénar sont le siège le plus habituel des douleurs spontanées. D'autres fois le maximum de la douleur siège dans la gouttière olécranienne au tiers inférieur de l'avant-bras, enfin au bord inférieur de l'aisselle, et même dans quelques cas le long du rachis. Les foyers douloureux sont fréquemment limités, tels sont ceux du bord inférieur de l'aisselle, de l'éminence hypothénar. Au dire des individus observés, la douleur aurait été limitée quelque temps aux muscles du bord cubital de la main avant de présenter une extension brusque.

La propagation de la douleur à toute une région du membre supérieur n'a existé dans aucun cas. Les douleurs lancinantes n'existaient que dans des segments limités du membre, elles étaient loin d'être constantes dans les doigts. Au début de l'affection, l'hyperesthésie apparaissait souvent loin du point contusionné ; ainsi l'un des malades (observ. I) assurait l'avoir éprouvée d'abord sur le bord inférieur et interne du deltoïde, un autre sur la partie latérale du rachis (observ. II). De ce siège initial la douleur paraissait avoir suivi en descendant le trajet du nerf cubital pour gagner la main.

La pression était souvent la cause de l'exagération de la douleur locale, rarement d'une douleur propagée, encore cette propagation ne se faisait-elle pas à toutes les branches du nerf, mais plus particulièrement dans des foyers situés à des hauteurs diverses ; chez un malade la pression du nerf dans la gouttière olécranienne provoquait non seulement une douleur locale intense, mais même une trépidation épileptoïde légère des muscles animés par le nerf cubital.

J'ai remarqué chez un malade que la position élevée d'un membre diminuait la douleur, tandis que la position déclive l'augmentait.

Un de mes malades affirmait que les symptômes de névrite cubitale avaient été précédés chez lui pendant plusieurs semaines par des phénomènes d'anémie locale, ce que l'on nomme vulgairement le doigt mort. Il avait remarqué que ces doigts morts étaient toujours ceux de la main qui fut atteinte ultérieurement de névrite, et que la main gauche n'offrit jamais rien de semblable. Je n'ai observé chez aucun de mes malades d'éruptions herpétiques, de zona comme j'en ai décrit chez une femme tuberculeuse sur le trajet du nerf cubital (*Du zona des phtisiques. Congrès de l'association, Paris* et *Gaz. hebd. de méd.*, 1878). Je regrette de n'avoir pas recherché les modifications thermiques indiquées par Terrillon dans son mémoire sur les effets de la contusion des nerfs. J'ai constaté que l'application d'un corps froid, sur l'étendue d'une région anesthésiée par névrite cubitale, était beaucoup moins nettement sentie que du côté opposé non atteint de névrite. Aucun de mes malades n'a accusé de sensation subjective de froid ou de chaud.

La douleur n'a pas été uniforme aux diverses époques de la maladie. Je me réserve de revenir sur cette question en étudiant l'évolution de la maladie; je ne veux que signaler ici ce fait que l'apparition de la douleur est souvent séparée de l'action déterminante par un intervalle d'un ou plusieurs jours.

L'*anesthésie* n'existait pas dans l'observation précédente, elle existe cependant le plus fréquemment et est souvent assez marquée pour être constatée par le malade. L'observation suivante présente un exemple manifeste de cette anesthésie.

OBSERVATION II. — *Névrite du nerf cubital; deux manifestations douloureuses à dix ans d'intervalle à la suite de compressions répétées de l'éminence hypothénar. Abcès à ce niveau, suivi de la dernière recrudescence.*

D. C., âgé de 43 ans, travaille comme ouvrier teinturier depuis 28 ans; il est occupé à plonger et laver les cotons dans des bains de teinture à la chaux, couperose, indigo et à tordre les cotons au moyen d'une grosse cheville tenue serrée dans la paume de la main et appuyant fortement sur l'éminence hypothénar.

À l'âge de 33 ans, C. raconte qu'il a été atteint d'une affection semblable à celle qu'il présente à l'âge de 43 ans. Cette affection se serait caractérisée par des douleurs le long du bord interne du membre supérieur droit, et la difficulté de fermer les deux derniers doigts de la main du même côté. A cette époque la douleur ne s'étendit pas au delà de l'épaule. Les accidents disparurent complètement après un traitement simple, et C. put reprendre son travail habituel. Jamais il n'a éprouvé de ces symptômes douloureux ou des troubles moteurs dans les membres, en dehors de l'affection signalée ici.

Il y a cinq à six mois, après un travail prolongé, C. fut atteint d'une inflammation douloureuse de l'éminence hypothénar terminée par abcès, en avant et un peu au-dessus de la 5e articulation métacarpophalangienne. Après la guérison de l'abcès, C. put reprendre pendant quatre mois son travail dans l'établissement de teinture, ne souffrant que légèrement dans l'éminence hypothénar.

A l'âge de 43 ans, vers le milieu d'octobre 1877, le lendemain d'une journée de travail prolongé, C. éprouve des douleurs vives le long du rachis près du cou; ces douleurs se seraient étendues dans la même journée dans l'aisselle, le long du bord interne de l'avant-bras, jusque dans les 4e et 5e doigts. Ces douleurs s'accompagnèrent d'une difficulté pour fermer les doigts et saisir les objets.

Il est admis le 30 novembre 1877 à l'Hôtel-Dieu de Rouen.

C. est un homme maigre, fort, ne présentant aucun autre symptôme morbide que ceux de la névrite cubitale; aucun trouble de la vue; intégrité des organes thoraciques; marche normale. Engourdissement du membre supérieur droit surtout dans les 4e et 5e doigts. Douleur sourde dans le rachis, de la 3e à la 6e vertèbre dorsale, n'augmentant pas par la pression. Douleur spontanée sourde à la partie inférieure de l'aisselle, dans la gouttière olécranienne, au-dessus du poignet et dans l'éminence hypothénar. Quelques douleurs lancinantes dans le repos, à la base de l'aisselle droite. Par la pression, on constate plusieurs points très douloureux à la partie inférieure de l'aisselle, le long du nerf cubital, dans la gouttière olécranienne, où la pression forte cause une légère trépidation du bras, et des irradiations douloureuses, surtout dans le 5ᵉ doigt. Diminution de la sensibilité au pincement et à la piqûre sur le bord interne de l'avant-bras et sur le trajet des collatéraux des 4ᵉ et 5ᵉ doigts. Motilité de ces derniers doigts altérée ; main un peu en griffe. Flexion incomplète des deux dernières phalanges : leur extension n'est pas normale. Diduction des doigts limitée ; les mouvements d'opposition du pouce sont incomplets. Amaigrissement assez marqué des muscles opposants du pouce et de l'éminence hypothénar. Pas de tuméfaction sur le trajet du nerf cubital ; pas de tumeurs dans l'aisselle (application des courants continus. Iodure de potassium, 1 gramme).

Dans la première moitié de décembre 1877, les douleurs spontanées disparaissent sur le trajet axillaire et brachial du nerf. La pression sur le trajet brachial du nerf ne provoque aucune douleur, mais elle les fait renaître quand elle est pratiquée dans la gouttière olécranienne et au niveau de la cicatrice. La douleur ainsi provoquée persiste une partie de la journée dans toute l'étendue de l'avant-bras. Moins d'anesthésie. La sensibilité demeure très obtuse le long des collatéraux des 4ᵉ et 5ᵉ doigts.

Du 15 au 31 décembre 1877, quelques recrudescences de douleur au niveau du bord interne du deltoïde au haut de l'aisselle, en arrière du coude. La douleur disparaît le long de l'avant-bras ; l'engourdissement persiste dans les 4ᵉ et 5ᵉ doigts (vésicatoire de 0ᵐ,06 appliqué entre les épaules, au niveau de la 4ᵉ vertèbre dorsale ; un second de 0ᵐ,06 sur 0ᵐ,03 est appliqué six jours après au tiers inférieur du trajet huméral du nerf). La motilité se rétablit rapidement dans les deux derniers doigts ; les 4ᵉ et 5ᵉ doigts peuvent être fléchis complètement et appliqués dans la paume de la main ; les mouvements de diduction sont rétablis, ceux d'opposition du pouce beaucoup plus étendus.

Le 5 janvier 1878, convalescence. Toutes les douleurs spontanées ou provoquées ont disparu, il ne reste qu'un peu d'engourdissement dans le petit doigt. Les mouvements sont presque normaux.

C. quitte l'Hôtel-Dieu pour reprendre son travail le 5 janvier 1878.

Il rentre à l'Hôtel-Dieu le 7 décembre 1880. Les douleurs n'ont pas reparu dans le membre supérieur droit, la force dans les deux derniers doigts de la main droite reste un peu au-dessous de la normale. C. s'était fait admettre à l'Hôtel-Dieu pour un peu de toux avec douleurs légères dans la partie latérale droite du thorax. A ce niveau en arrière, on constatait un léger affaiblissement du murmure respiratoire qui disparut rapidement. C. quitte l'Hôtel-Dieu le 19 décembre 1880.

L'anesthésie a joué un rôle tout à fait secondaire chez le malade dont je viens de rapporter l'histoire ; elle occupait, dans les autres cas où la la même diminution de sensibilité fut constatée, le bord interne et surtout antérieur de l'avant-bras, et l'étendue des collatéraux des doigts fournis par le cubital. C'était dans ce dernier point qu'elle était surtout marquée ; en effet, le pincement et la piqûre n'étaient pas douloureux, et dans quelques points la peau pouvait être transpercée sans provoquer de douleur. J'ai déjà fait remarquer que chez plusieurs individus le contact d'un corps froid sur la portion de peau anesthésiée n'était pas distingué.

Les troubles moteurs étaient plus ou moins intenses. J'ai déjà rappelé que plusieurs malades offraient la forme de la main connue sous le nom de *griffe*. La flexion était très limitée. Les 4e et 5e doigts fléchis dans l'articulation des 1re et 2e phalanges ne pouvaient se mettre au contact de la paume de la main ; les deux dernières phalanges ne s'étendaient que très incomplètement. Les mouvements d'écartement des doigts, ceux d'opposition du pouce étaient relativement assez bien conservés.

Aucun de mes malades n'a présenté l'atrophie des muscles de l'éminence hypothénar, ni de l'opposant du pouce.

En résumé, les symptômes de perversion nutritive et de déformation consécutive n'avaient atteint, chez aucun de mes malades, l'intensité d'expression qui est indiquée chez les individus dont le nerf cubital a éprouvé une compression lente et considérable, comme dans les cas de déformation osseuse à la suite de fractures, de développement d'un fragment osseux dans le ligament articulaire, etc. Cette différence serait-elle absolue et la contusion dans les cas observés aurait-elle été assez légère pour provoquer peu d'altération du nerf, malgré la manifestation seméiologique complète des accidents de névrite? Je reviendrai sur ce point quand j'aurai étudié la marche de la maladie. L'évolution de cette névrite présente en effet des caractères particuliers.

Dans les cas de traumatisme direct, j'ai vu chez un homme de 32 ans la douleur consécutive au choc d'une manivelle d'un métier à tisser vers la partie moyenne et interne du bras causer une douleur immédiate, dans le point contus, mais ce ne fut qu'au bout de deux semaines que les douleurs s'étendirent du coude jusque dans les derniers doigts. D'autres fois, l'intervalle qui sépare l'action traumatique des premiers symptômes de la névrite est beaucoup plus court, témoin le fait suivant, dans lequel cet intervalle ne fut que de deux jours, avec cette différence que dans le premier cas le lieu contusionné était douloureux, tandis qu'il ne l'était pas dans le deuxième.

OBSERVATION III. — *Névrite du cubital gauche consécutive à une contusion brusque du nerf.*

M. A..., âgé de 43 ans, imprimeur en indiennes, entre le 23 septembre 1858 à l'Hôtel-Dieu de Rouen, dans ma division.

Ouvrier indienneur depuis l'âge de 14 ans, il est occupé à frapper avec un marteau en bois du poids de 3 kilogrammes environ une planche à imprimer les étoffes. Jamais M... n'a travaillé à la peinture. Chancre vers l'âge de 20 ans, non suivi d'accidents secondaires. ...para buser fréquemment des liqueurs alcooliques, et est assez souve dans un état d'vresse.

Le 18 septembre 1858, M... étant ivre rentra chez lui en portant sous son bras une casserole en métal ; il tomba dans son escalier et n'éprouva pas de douleur immédiate dans le bras. Le 19 septembre il ne remarqua aucune douleur. Le 20 septembre, c'est-à-dire deux jours après l'accident signalé plus haut, M... ressentit des douleurs dans les 4ᵉ et 5ᵉ doigts de la main gauche, douleurs remontant jusqu'au coude, le long du bord interne de l'avant-bras. Ces douleurs étant assez vives pour empêcher le sommeil et tout travail manuel, M... entre à l'Hôtel-Dieu.

Santé générale bonne. Pronation et supination assez faciles ; main en griffe ; flexion des trois derniers doigts de la main gauche très incomplète. La première phalange des deux derniers doigts se fléchit à peine dans l'extension, au contraire, les deux dernières phalanges des doigts se relèvent incomplètement. Diduction des doigts et opposition du pouce limitée. Douleurs sourdes et quelquefois lancinantes dans le trajet du nerf cubital à l'avant-bras et au coude, ainsi que dans les 4ᵉ et 5ᵉ doigts. Fourmillements dans toute cette étendue assez intenses pour empêcher le sommeil. Anesthésie marquée du bord interne de l'avant-bras et des deux derniers doigts. A l'union du tiers inférieur avec le tiers moyen du bord interne du bras on trouve une induration fusiforme de 0ᵐ,025 environ d'étendue, et à ce niveau la peau présente une écorchure superficielle avec érosion de l'épiderme et rougeur légère du derme. Sur la paroi thoracique gauche, dans un point correspondant, on rencontre une écorchure superficielle analogue et M... ne connaît d'autre cause de ces écorchures, que la contusion provoquée par la pression de la casserolle qu'il portait sous le bras au moment de sa chute dans l'escalier. (Vésicatoire volant de 0ᵐ,08 de long sur 0ᵐ,04 de largeur au tiers inférieur du bord interne du bras.)

Du 1ᵉʳ au 30 septembre les douleurs diminuent rapidement sur le bord interne de l'avant-bras ; les douleurs lancinantes ont disparu. Rétablissement incomplet des mouvements d'extension et de flexion des deux derniers doigts. L'anesthésie diminue d'extension et d'étendue, mais persiste dans la moitié inférieure de la face interne et antérieure de l'avant-bras et aux deux derniers doigts. (Potion avec iodure de potassium.)

Le vésicatoire est sec et l'on constate une diminution considérable de la largeur et de l'étendue de l'induration au niveau du bord interne et inférieur du bras.

Dans la première semaine d'octobre 1858, l'annulaire se fléchit chaque jour plus facilement, le 5ᵉ doigt beaucoup moins complètement. Douleur légère au coude dans la gouttière olécranienne, quelques frictions strychnées, faites pendant quatre jours sur le trajet antibrachial du nerf, provoquent une recrudescence des douleurs lancinantes. L'anesthésie n'existe plus qu'au niveau du tiers inférieur et antérieur de l'avant-bras, à l'éminence hypothénar et sur les collatéraux des 5ᵉ et 4 doigts.

Du 10 au 26 octobre 1858, les troubles de sensibilité et de motilité restent stationnaires ; le 26 octobre, au moment où M... quitte l'hôpital, la flexion était encore très incomplète dans les deux derniers doigts, surtout le 5ᵉ, l'un et l'autre anesthésiques.

M... entre de nouveau le 9 avril 1866 dans ma division, pour un cancer de l'estomac et du foie. Mort le 22 juin 1866. Le bras ne présentait plus aucun signe de lésion du nerf cubital.

Ce malade, quoique exposé par sa profession aux contusions répétées de l'éminence hypothénar, puisqu'il frappait toute la journée avec un marteau pesant une planche à imprimer les indiennes, n'avait pas éprouvé jusque-là de troubles dans l'innervation du membre supérieur, lorsque la contusion directe provoqua les signes de névrite. Je n'oserais dire que l'ébranlement continuel de la région innervée par le cubital a pu constituer une prédisposition et que la contusion directe n'a été que sa cause déterminante. Ce malade, le seul de tous ceux qui ont été étudiés par moi, présentait au niveau de la contusion une induration fusiforme qui correspondait assez exactement à la direction du nerf. L'absence d'ecchymose pourrait être alléguée à l'appui de la supposition que nous avions là une tuméfaction du nerf comme celles qui ont été signalées depuis longtemps par Remak. Pour plusieurs motifs, cette interprétation me semble très douteuse.

A côté de ces débuts brusques dans les cas de névrite traumatique directe par une contusion violente, je signalerai l'invasion lente des accidents chez les individus dont la maladie reconnaissait pour cause des contusions répétées relativement légères. Ainsi, dans l'observation I, le malade n'a pu indiquer un début brusque des douleurs ou de la faiblesse de la main, il en était de même dans l'observation II. Le début lent et insidieux était encore plus marqué chez le malade suivant.

OBSERVATION IV. — *Accidents de névrite cubitale provoqués par des compressions répétées dues à la profession.*

G. A..., cordonnier, âgé de 30 ans, sourd-muet très intelligent, entre le 20 juin 1883 à l'Hôtel-Dieu de Rouen, écrit des renseignements exacts sur ses antécédents et son état actuel. Il attribue ses souffrances à ce que, dans l'exercice de sa profession, il appuie fortement l'anse de son fil sur le bord cubital de la main gauche. L'endroit ainsi comprimé habituellement est marqué par un épaississement de l'épiderme. Depuis un an G... souffre de douleurs dans la main gauche, sans jamais avoir éprouvé rien de semblable dans la droite. Ces douleurs n'étaient pas assez vives pour l'empêcher de travailler, mais le gênaient un peu. Quelques jours avant son entrée à l'Hôtel-Dieu, les douleurs ont pris une grande extension, s'étendant sur tout le bord interne du membre supérieur, depuis les 4ᵉ et 5ᵉ doigts jusque dans l'aisselle et s'accompagnant d'une difficulté dans les mouvements des doigts et dans la préhension.

Au moment de l'admission à l'hôpital, les douleurs persistent dans le bord interne de l'avant-bras gauche et paraissent centripètes. Un point d'hyperesthésie très marqué existe au tiers inférieur antéro-interne de l'avant-bras gauche, sur la tête du 4° métacarpien, sur l'éminence hypothénar et sur les collatéraux des doigts, branches du cubital. Aucune douleur spontanée ou provoquée le long du rachis ou à la nuque. Pression très douloureuse au niveau de la gouttière olécranienne. Nulle part d'anesthésie. La flexion s'exécute presque complètement dans les trois premiers doigts de la main gauche, elle ne s'exécute qu'à moitié dans les 4e et 5e doigts. Dans ce mouvement la première phalange reste presque droite. Diduction des doigts assez facile et presque normale, de même que les mouvements du pouce. Extension incomplète des 2e et 3e phalanges. (Deux bains de bras par jour ; ultérieurement, vésicatoire volant au tiers inférieur de l'avant-bras, au niveau du point anesthésique. Sulfate de quinine, 1 gramme par jour.)

Le 25 juin, disparition des douleurs spontanées et irradiées ; flexion et extension du 5e doigt plus étendues ; ces mouvements sont beaucoup plus limités dans le 4e doigt.

Du 1er au 4 juillet, la flexion du 4e doigt reste très incomplète, le 5e s'applique presque contre la paume de la main. Pression très peu douloureuse sur les foyers indiqués à l'entrée.

Le 6 juillet, la flexion est toujours possible et complète dans le 5e doigt ; parfois ce dernier doigt entraîne incomplètement le 4e doigt, qui se relève brusquement comme mû par un ressort. Il ne reste qu'une légère douleur dans le 4e doigt de la main gauche. C..., qui depuis quelques jours se sert de sa main, quitte l'Hôtel-Dieu incomplètement guéri. J'ai appris que peu de jours après il était rentré à l'Hôtel-Dieu dans la division d'un de mes collègues pour une recrudescence des mêmes accidents.

Une des observations de Panas (*Arch. gén. de Méd.*, sér. VII, vol. II, p. 18, 1878), présente une évolution aussi lente de la névrite du cubital. « Le malade nous raconte, dit Panas, qu'ayant été surpris par la tempête, alors qu'il s'exténuait de ramer pour arriver à terre, il eut le coude droit tellement fatigué et engourdi, qu'à partir de ce moment il continua à ressentir des engourdissements dans l'avant-bras et la main plus d'un mois après. *Devenu tout à fait bien portant*, ce n'est que six mois après que, sans cause connue, il éprouva de la faiblesse à la main, qui se paralysa lentement bien que progressivement, et cela jusqu'au moment où nous l'avons observé. »

Cette observation présente plusieurs points d'analogie avec quelques faits rapportés dans ce travail. « La névrite a été consécutive à des contusions répétées de la région hypothénar de la main qui sert de point d'appui principal à la rame, dans l'action de ramer. A ces contusions se joignent des contractions musculaires violentes. L'action traumatique est suivie d'un engourdissement dans tout le trajet du nerf, et ce n'est que six mois après qu'apparaissent les signes caractéristiques de l'inflammation du nerf cubital. » Il est encore un autre fait que je veux retenir dans l'observation de Panas, c'est que les accidents de névrite confirmée sont séparés de la première manifestation douloureuse par un intervalle de bien-être absolu. Il en a été de même chez plusieurs de mes malades, la recrudescence des douleurs et une phase plus caractéristique de la névrite s'est manifestée sans l'intervention d'une cause importante, on pourrait mieux dire sans cause appréciée.

Ces intervalles de disparition des douleurs peuvent être prolongés, ils ont été de trois ans (observ. I), de neuf ans et demi (observ. II). Bien entendu, dans ces deux cas le sujet de l'observation continuait l'exercice de la profession qui avait provoqué la première apparition du mal. D'autres fois les rémissions de la douleur sont plus courtes, incomplètes, comme je l'ai vu chez plusieurs individus pendant qu'ils étaient soumis à mon observation, ou bien, comme dans le cas précédent, les accidents paraissent disparaître pour se manifester de nouveau au bout de quelques jours.

L'amélioration suit, chez presque tous les malades, une marche identique. Les douleurs spontanées et provoquées disparaissent d'abord, et cela après quelques oscillations de rémission et de recrudescence, puis le malade n'accuse qu'un seul phénomène douloureux, de l'engourdissement. Ce dernier symptôme diminue de haut en bas, et les doigts ressentent les derniers un engourdissement léger. L'anesthésie se modifie presque en même temps que l'hyperesthésie ; le retour de la sensibilité s'effectue de haut en bas. La motilité s'améliore lentement et le rétablissement de l'intégrité des mouvements a lieu en dernier, tantôt dans le quatrième ou le cinquième doigt. Lors même que le malade cesse les soins médicaux sans avoir obtenu la guérison complète, elle peut encore s'effectuer au bout de quelque temps. Chez deux individus, j'ai pu m'assurer de la disparition entière des accidents de névrite et du rétablissement complet des fonctions, une fois six mois, une autre fois deux ans après la cessation du traitement.

Le pronostic de la névrite est, bien entendu, beaucoup plus favorable dans ces cas que dans ceux où la cause de l'inflammation du nerf continue à agir, comme dans les cas de névrite cubitale consécutive à des déformations traumatiques du coude, etc. Même dans ces derniers cas, la guérison est encore possible. J'en citerai comme preuve l'observation II du mémoire de Panas. Chez la plupart des malades dont ce chirurgien rapporte l'histoire, le nerf était le siège d'un renflement fusiforme dont la résolution fut obtenue assez rapidement par les courants continus. Chez un seul de mes malades, j'ai constaté un renflement fusiforme sur le trajet du cubital ; cette tuméfaction existait au niveau du point contus, sans aucun épanchement dans les tissus superficiels. On pourrait donc dire que la névrite a été beaucoup moins intense chez mes malades, puisque la tuméfaction du cordon nerveux n'a pas été signalée chez la plupart d'entre eux.

Pour quelques personnes et en se reportant à quelques années antérieures, le nom de *névrite* semblerait indiquer une gravité plus grande de la lésion, et il conviendrait mieux de donner à l'affection du genre de celle que j'observe ici le nom de *névralgie*, nom du reste tout à fait provisoire, reliquat dans notre synonymie, de l'ancienne classification séméiologique des maladies. La maladie que j'étudie ici est bien une névrite, elle en présente tous les caractères : incubation des douleurs, points d'hyperesthésie, troubles moteurs, atrophie musculaire plus ou moins marquée.

Mais la névrite est loin d'être incurable, bien que sa durée soit habituellement longue, ses récidives fréquentes et ses reliquats redoutables. L'expérimentation et l'analyse histologique nous montrent néanmoins et la guérison de la névrite et son mode de curation à la suite d'actions contondantes. Léon Tripier *(Dict. encycl. des Scienc. méd.*, vol .XII, p. 256), en étudiant les effets de la contusion expérimentale sur les nerfs des animaux, écrit : « Pour ce qui est du cubital, nous sommes arrivés à un résultat très intéressant... Au moment de l'expérience, l'animal avait poussé des cris prolongés ; cependant, au onzième jour, il n'y avait plus de lésions apparentes, soit du côté du nerf, soit du côté des parties environnantes. Au microscope, un grand nombre de tubes (gros et moyens), présentaient un aspect tigré, autrement dit, on apercevait une foule de points arrondistranchant, par leur coloration plus foncée, sur la teinte qu'offre habituelle, ment la myéline des tubes, traités par l'acide osmique. Il nous a semblé aussi que la gaine médullaire avait subi un commencement de fragmentation, maisqu'il n'y avait pas de dégénération à proprement parler... Nous nous contenterons de dire que le volume des noyaux, aussi bien que la masse du protoplasma compris entre la gaine de Schwann et la gaine médullaire nous a paru augmenté. Dans certains endroits, on voyait deux ou même trois noyaux entre deux étranglements. Enfin, au milieu de tubes anciens *il existait des tubes jeunes*, à différents degrés d'évolution ; de sorte que *sous l'influence du traumatisme il s'était développé un processus formatif*, consistant essentiellement dans un développement de jeunes tubes nerveux entre les tubes anciens. »

La médecine expérimentale nous fournit donc l'explication des modes de rétablissement des fonctions à la suite des contusions des nerfs.

Une autre circonstance peut aggraver le pronostic de l'inflammation des nerfs périphériques, c'est la tendance marquée de l'inflammation de se propager des nerfs périphériques aux centres nerveux. C'est là une vérité démontrée depuis longtemps. Dans quelques cas où cette lésion centrale existait en même temps u'un trouble des cordons périphériques, des travaux récents ont affirmé l'indépendance des deux ordres de lésions. Je n'ai pu faire l'examen anatomique ou histologique d'aucun de mes malades, mais l'issue du mal, la guérison facile et surtout l'absence de lésion simultanée d'autres nerfs ne m'a pas permis de supposer l'existence d'une lésion centrale. J'ai cependant cru, il y a quelques années, rencontrer un exemple d'extension au centre nerveux. C'était chez un taquetier observé, en 1881, à l'Hôtel-Dieu de Rouen. Ce sujet, âgé de 47 ans, était occupé depuis trente ans à enfoncer des clous, au moyen d'un marteau pesant 500 grammes environ, dans des morceaux de bois dits *taquets*, contre lesquels s'appuie la navette dans le tissage mécanique. Il entrait à l'Hôtel-Dieu pour se faire soigner d'une paralysie du nerf cubital droit. Outre cette lésion, ce malade accusait une faiblesse des muscles extenseurs de la jambe gauche et une bande d'anesthésie cutanée, commençant en avant du condyle externe du tibia et descendant sur la face dorsale des trois derniers orteils. La cause de ces deux lésions nerveuses était, d'une part, une arthrite rhumatismale du coude droit avec épanchement dans l'articulation et la distension notable de la synoviale; d'une autre part, une arthrite rhumatismale ancienne du genou gauche pour laquelle de nombreux traitements locaux avaient été employés. Quel avait été le rôle de la profession de ce sujet dans la genèse de la névrite cubitale? Je n'oserais le dire en présence de deux cas susceptibles de produire séparément et simultanément les mêmes troubles fonctionnels.

Nous connaissons aujourd'hui les névrites rhumatismales; je pourrais ajouter aux faits de Charcot, Duguet, etc., la relation d'un zona sur le trajet du sciatique qui constitue le premier symptôme d'un rhumatisme polyarticulaire aigu.

En dehors de ce fait dont je viens de donner l'interprétation, je n'ai jamais vu la névrite cubitale provoquer des symptômes que l'on put rattacher d'une manière certaine à une altération des centres nerveux.

La guérison a été obtenue par des moyens variés. Les plus importants et surtout ceux dont l'action me paraît la mieux démontrée sont les vésicatoires et les courants électriques, principalement les courants continus.

Conclusions. 1° Les contusions répétées, comme celles résultant de l'exercice de certaines professions, peuvent développer une névrite cubitale. Ces professions étaient celles de menuisier, de cordonnier, d'imprimeur sur indiennes, de teinturier, c'est-à-dire des professions qui nécessitent l'emploi d'un instrument qui contond l'éminence hypothénar.

2° La névrite débute par des douleurs plus ou moins vives dans l'éminence hypothénar, avec foyers de douleurs plus ou moins nombreux au-dessus et au-dessous du point habituellement contusionné. La douleur augmente par la pression, est susceptible chez quelques malades de provoquer une trépidation des muscles animés par le cubital. Il s'y joint un engourdissement, et dans le plus grand nombre des cas une diminution de la sensibilité cutanée.

3° La motilité est en général compromise à une époque plus tardive.

4° L'atrophie musculaire est le plus souvent peu prononcée.

5° Le développement des symptômes est lent, la maladie présente des rémissions, des recrudescences, des récidives séparées par des intervalles de quelques mois et même de plusieurs années.

6° Les symptômes de névrite cubitale ne sont pas suivis en général d'accidents se rapportant à une lésion des centres nerveux.

7° La névrite cubitale par contusion professionnelle est susceptible de guérison.

PARIS, IMPRIMERIE CHAIX (S.-O.). — 13602-4.

297

ASSOCIATION FRANÇAISE
POUR L'AVANCEMENT DES SCIENCES

EXTRAIT DES STATUTS ET RÈGLEMENT

STATUTS.

Art. 4. — L'Association se compose de membres fondateurs et de membres ordinaires; les uns et les autres sont admis, sur leur demande, par le Conseil.

Art. 6. — Sont membres fondateurs les personnes qui auront souscrit, à une époque quelconque, une ou plusieurs parts du capital social : ces parts sont de 500 francs.

Art. 7. — Tous les membres jouissent des mêmes droits. Toutefois, les noms des membres fondateurs figurent perpétuellement en tête des listes alphabétiques, et les membres reçoivent gratuitement, pendant toute leur vie, autant d'exemplaires des publications de l'Association qu'ils ont souscrit de parts du capital social.

RÈGLEMENT

Art. 1er. — Le taux de la cotisation annuelle des membres non fondateurs est fixé à 20 francs.

Art. 2. — Tout membre a le droit de racheter ses cotisations à venir en versant, une fois pour toutes, la somme de 200 francs. Il devient ainsi membre à vie.

Les membres ayant racheté leurs cotisations pourront devenir membres fondateurs en versant une somme complémentaire de 300 francs. Il sera loisible de racheter les cotisations par deux versements annuels consécutifs de 100 francs.

La liste alphabétique des membres à vie est publiée en tête de chaque volume, immédiatement après la liste des membres fondateurs.

Les souscriptions sont reçues :

Au Secrétariat 4, rue Antoine-Dubois (Place de l'École-de-Médecine).

Les souscriptions des membres fondateurs peuvent être versées en une seule fois ou en deux versements de chacun 250 francs.

PARIS — IMPRIMERIE CHAIX (S.-O.). — 13289-4.